数学家的发现

中世纪和十七世纪

蔡天新◎著　黄乐瑶◎绘

北京科学技术出版社
100层童书馆

图书在版编目（CIP）数据

数学家的发现．中世纪和十七世纪 / 蔡天新著 ；黄乐瑶绘．—北京：北京科学技术出版社，2023.7
ISBN 978-7-5714-3041-2

Ⅰ.①数… Ⅱ.①蔡… ②黄… Ⅲ.①数学史－世界－少年读物 Ⅳ.① O11-49

中国国家版本馆 CIP 数据核字（2023）第 077238 号

策划编辑：余佳穗
责任编辑：郑宇芳
封面设计：沈学成
图文制作：杨严严
责任校对：贾　荣
营销编辑：赵倩倩
责任印制：吕　越
出 版 人：曾庆宇
出版发行：北京科学技术出版社
社　　址：北京西直门南大街 16 号
邮政编码：100035
电　　话：0086-10-66135495（总编室）
0086-10-66113227（发行部）
网　　址：www.bkydw.cn
印　　刷：北京宝隆世纪印刷有限公司
开　　本：710 mm × 1000 mm　1/16
字　　数：61 千字
印　　张：6.5
版　　次：2023 年 7 月第 1 版
印　　次：2023 年 7 月第 1 次印刷
ISBN 978-7-5714-3041-2

定　　价：45.00 元

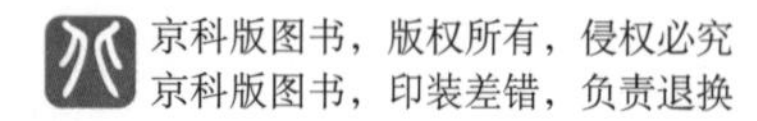
京科版图书，版权所有，侵权必究
京科版图书，印装差错，负责退换

前 言

人们常说，诗人和艺术家的工作是创造，数学家的工作是发现。的确，一个数学定理就像宝藏一样，等待着数学家去发现。

数学家之间的竞争也非常激烈。17 世纪，英国数学家牛顿和德国数学家莱布尼茨之间就发生了微积分的“发明优先权”之争；19 世纪，德国的“数学王子”高斯、俄国数学家罗巴切夫斯基和匈牙利数学家鲍耶分别独立创立了非欧几何学。

其实，创造和发现并无高低之分，依照我个人的经验，两者都需要勤奋和敏感的特质，都能给人带来快乐。这里讲一则有趣的逸事：物理学家爱因斯坦和他的夫人在纽约拜访了表演大师卓别林，卓别林设家宴款待。席间主人问起相对论的发现过程。爱因斯坦的夫人绘声绘色地讲道，有一天吃早餐时，爱因斯坦神色异样，说自己有了新发现，他时而弹钢琴，时而记下什么。回书房后，爱因斯坦吩咐不让任何人打扰。两个星期后，爱因斯坦才走下楼，手里拿着一张写着相对论的纸。卓别林听后惊呼：爱因斯坦是纯粹的艺术家。

1908 年，5 岁的俄国小男孩柯尔莫哥洛夫自己偶然发现了一个规律：

$$1=1^2,$$

$$1+3=2^2,$$

$$1+3+5=3^2,$$

$$1+3+5+7=4^2,$$

$$\cdots$$

用文字表述就是，n 个连续的奇数相加恰好等于 n 的平方。这个结论可以对 n 用归纳法轻松证明，因此算不上是定理或命题。但对 5 岁的小男孩来说，这却是一次奇妙的经历，是一个激动人心的发现。因为这个发现，他从此迷上了数学。后来，柯尔莫哥洛夫成为 20 世纪最伟大的数学家之一，他是现代概率论的开拓者，并且桃李满天下。

高斯曾说过："数学提供给我们一座用之不竭的宝库，里面储满了有趣的真理，这些真理不是孤立的，而是紧密地相互联系在一起。"

本系列采撷了 18 个关于数学的故事，介绍了 20 多位中外数学家的发现，按照时间顺序，分成公元前后的千年、中世纪和十七世纪、近代和现代世界 3 册。感谢插画师黄乐瑶女士，为这套书绘制了风格独特的插图，她对不同民族的人物造型、服饰和建筑风格都有细致的了解。

既然数学宝库是用之不竭的，那么我们就不必担心数学家的灵感有一天会枯竭。事实上，进入 20 世纪以后，数学的分支越来越多，因为数学与自然的关系越来越密切。温习数学先辈的成果，常常能给我们带来温暖。

期待小读者学好数学，健康成长，一起享受数学发现的乐趣；也期待不久的将来，数学之花会在华夏大地上绽放得更加绚丽多姿。

蔡天新

2023 年春天于杭州天目里

目录

我们可以假定，所有我们掌握的希腊之外的数学知识都是由于斐波那契的出现而得到的。

——卡尔达诺

有趣的递归数列

数学中的序列

序列是指排成一列的对象或事件，每个元素不是在其他元素之前，就是在其他元素之后。序列的项数可以是有限的，也可以是无限的。无论哪种情况，序列一定是有次序的，例如，{M，A，R，Y} 和 {A，R，M，Y} 是两个不同序列，正如 Mary 和 army 是两个不同的英文单词。

在数学中，序列就是有编号的无穷数组或数的集合，也叫数列。在一个数列中，每一个数都被称为这个数列的项，可以用下标表示编号。例如 $A=\{a_n\}$，这里 a_n 表示该数列的第 n 项。

数列可以是符合一定规则的数的集合，比如，

正奇数序列：

{1,3,5,7,9,…}，

偶数序列：

{0,2,−2,4,−4,…}，

素数序列：

{2,3,5,7,11,…}，

极限趋向于 1 的序列：

{0.9,0.99,0.999,0.9999,…}，

以圆周率为极限的序列：

{3,3.1,3.14,3.141,3.1415,…}，

由圆周率各位上的数字组成的序列：

{3,1,4,1,5,9,2,…}。

相信你还可以举出很多这样的例子，这些数列都是自然存在的。

数列也可以是满足某种初始值和递归法则的数的集合。用递归序列表示的数列姗姗来迟，至少在公元后的第一个千年里没有出现，这与罗马人的统治和欧洲漫长的中世纪有关。

公元前 212 年，叙拉古的阿基米德在沙图上研究几何问题时被入侵的罗马士兵刺死。这是一件标志性的历史事件，预示着包括数学在内的希腊灿烂的文化走向衰败。从那以后，罗马人的统治时代开始了。

中世纪的意大利

当东方的中国、印度，以及阿拉伯在数学等领域做出新的贡献时，欧洲却处于漫长的黑暗时代。这段历史始于 5 世纪罗马文明的瓦解，终于欧洲文艺复兴开始之时，长达 1 000 多年，这就是所谓的“中世纪”。在意大利亚平宁半岛，由于当时的罗马教皇西尔维斯特二世非常喜欢数学，所以数学家的境况并不算太糟。

生于意大利的斐波那契

◆ 教皇热尔贝

西尔维斯特二世本名叫热尔贝，在成为教皇之前是一位学者。在热尔贝任罗马教皇期间，欧洲迎来了科学史上赫赫有名的翻译时代。经过几个世纪的战争洗劫后，希腊的科学著作在当时的欧洲已荡然无存。幸运的是，经阿拉伯人之手，这些著作又传回了欧洲。除了欧几里得、阿基米德、托勒密和阿波罗尼奥斯等人的著作以外，阿拉伯人自己的学术结晶也被译成了拉丁文。

斐波那契与《算盘书》

意大利的比萨因比萨斜塔闻名于世，一个叫斐波那契的人在斜塔破土动工的前几年（约 1170 年）生于比萨。斐波那契是中世纪欧洲最杰出的数学家。在数学史上，沿用至今的递归数列最早在 13 世纪初出现，递归数列就是由斐波那契发现和定义的。

斐波那契的父亲是一名政府官员，年轻时斐波那契随父亲前往北非的阿尔及利亚，在那里接触到阿拉伯人的数学，并学会了用印度 - 阿拉伯数码做计算。后来，斐波那契又到埃及、叙利亚、拜占庭（今土耳其伊斯坦布尔）和意大利西西里岛等地游历，学习到了阿拉伯人的计算方法。回比萨后不久，他于 1202 年写成了著名的《算盘书》。

在《算盘书》中，算盘并不单指罗马算盘或沙盘，而是指一般的计算。这本书的第一部分介绍了数的基本算法，讲解了不同进制之间的转换方法。在书中，斐波那契率先在分数中使用了一条横线，这个记号一直沿用至今。

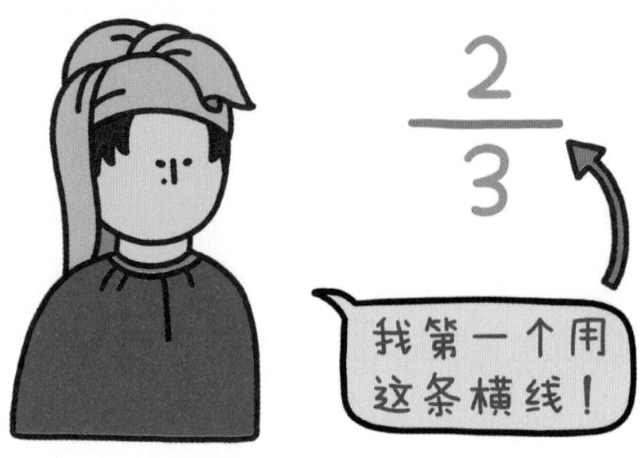

《算盘书》的第二部分是商业应用题，包括物价、利润、利息、货币换算等，反映了中世纪地中海地区广泛的贸易往来。其中有一道“30 钱买 30 只鸟”的问题，和中国的“百鸡问题”如出一辙，这也是中外数学交流的一个重要线索。

“百鸡问题”出现在中国南北朝时期，北魏数学家张丘建的《张丘建算经》中记载了这一问题。《张丘建算经》成书于 466 年至 485 年之间，书中最后一道题堪称亮点：

公鸡每只五钱，
母鸡每只三钱，
而雏鸡三只才一钱。
假设有一百钱，
想买一百只鸡（钱必须用光），
问需买多少只公鸡、母鸡和雏鸡？

设想购买的公鸡、母鸡和雏鸡的数量分别是 x、y、z，此题相当于解下列一次不定方程组：

$$\begin{cases} x + y + z = 100 \\ 5x + 3y + z/3 = 100 \end{cases}$$

在张丘建的时代，中国还没有引进字母，也没有未知数的概念，如果用文字叙述这样的方程组肯定非常复杂。可是，张丘建却正确地给出了全部三组答案：

$$(4, 18, 78)$$
$$(8, 11, 81)$$
$$(12, 4, 84)$$

他通过消元法，把两个三元一次方程化成一个二元一次方程，即：

$$7x+4y=100$$

再依次取 x 为 4 的倍数，就能得出上述三组答案。用一百钱可以买 4 只公鸡、18 只母鸡、78 只雏鸡；或者 8 只公鸡、11 只母鸡、81 只雏鸡；或者 12 只公鸡、4 只母鸡、84 只雏鸡。

《算盘书》的第三部分是杂题和怪题，其中以“兔子问题”最引人注目。这个问题是：

每对大兔子每月可以生一对小兔子，而小兔子出生后两个月就可以生新的小兔子了。从一对小兔子开始，一年后会得到多少对兔子？

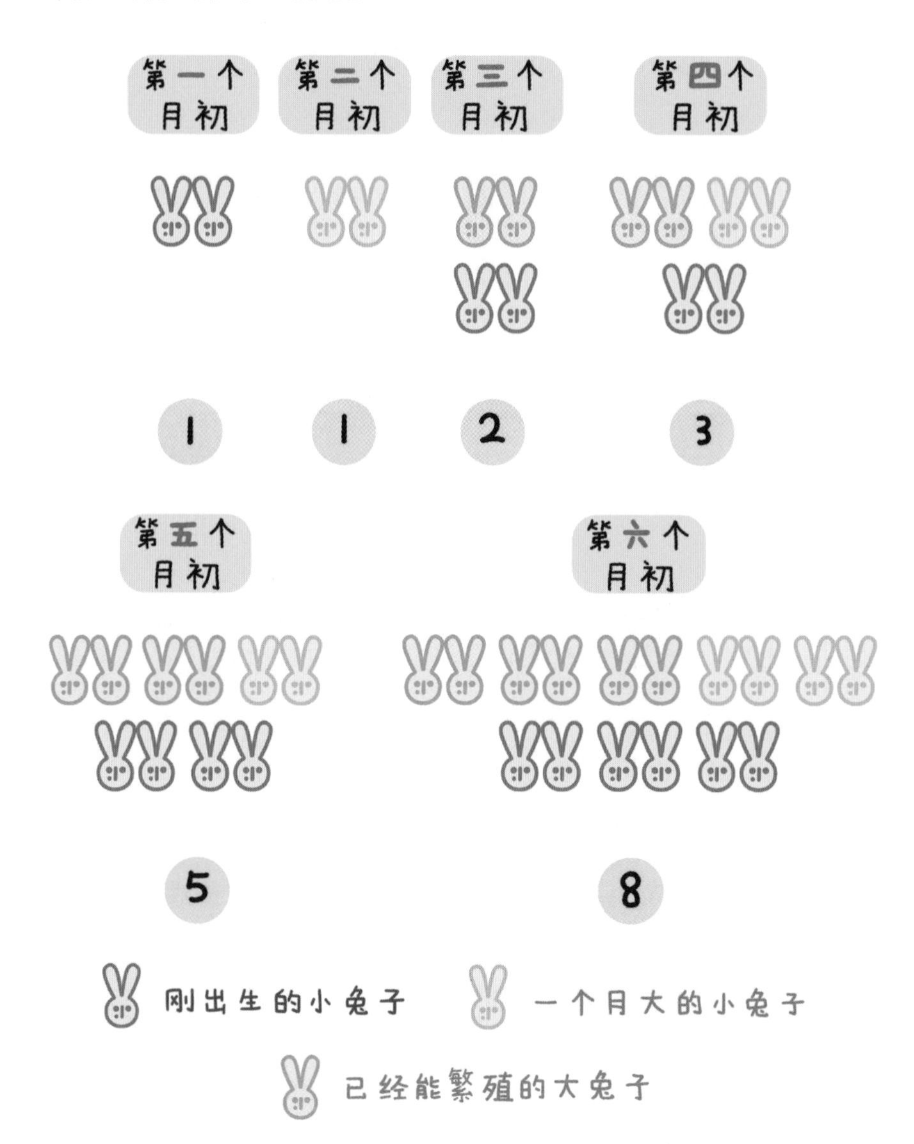

“兔子问题”的答案为 144 对。

这个表示兔子对数的数列就是著名的“斐波那契数列”：

$$1, 1, 2, 3, 5, 8, 13, 21, 34, 55, \cdots$$

这个数列的递归公式（可能是数学家发现的第一个递归公式）是：

$$F_1 = F_2 = 1, F_n = F_{n-1} + F_{n-2} \ (n \geqslant 3)$$

这个数列第一项和第二项是 1，之后每一项是前两项之和。

有意思的是，前一项与后一项的比值依次是：

$$1, 0.5, 0.666\cdots, 0.6, 0.625, 0.615\cdots,$$

$$0.619\cdots, 0.617\cdots, 0.618\cdots, \cdots$$

这个数列存在极限值。直到约 4 个世纪以后的 1611 年，这个极限值才由德国天文学家、数学家开普勒发现，他猜测这个极限值就是古希腊的毕达哥拉斯学派定义的黄金分割比的比值，即：

$$\frac{F_n}{F_{n+1}} \to 0.618\cdots$$

至于这个极限值的证明，在 19 世纪才由法国数学家比奈给出。

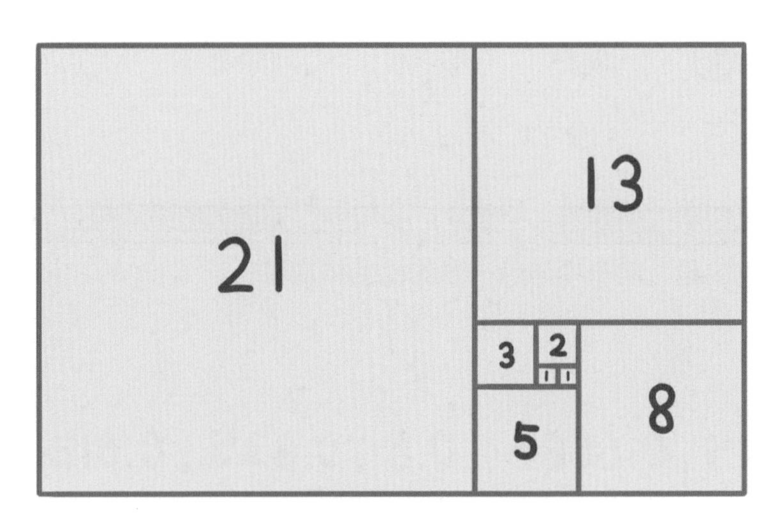

◆ 边长为斐波那契数的正方形组合

“兔子问题”有很多前提：兔子不能死，兔子一个月必须生一对小兔子，小兔子必须两个月成熟……想一想，地球上真没有这样的兔子。不过“兔子问题”的结论，即神奇的斐波那契数列不断被数学家验证，并被广泛地运用到生物、物理、计算机等领域。

自然界中的斐波那契数列

在自然界中，斐波那契数列也有意想不到的呈现。以植物为例，许多花朵的花瓣数恰好是斐波那契数。例如，梅花 5 瓣、飞燕草 8 瓣、万寿菊 13 瓣、紫菀 21 瓣，雏菊 34 瓣……

梅花

飞燕草

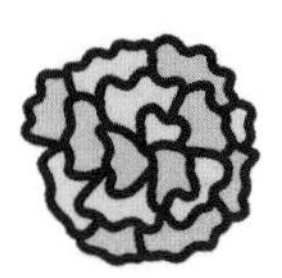

万寿菊

紫菀

雏菊

秦九韶是他那个民族、他那个时代，并且确实是所有时代最伟大的数学家之一。

——乔治·萨顿

会造桥的数学家

秦九韶与道古桥

杭州城内，离西湖北岸的宝石山不远，有一条小路叫西溪路。在西溪路的东段，与杭大路的交叉口，有一座石桥，叫道古桥。这座桥始建于南宋嘉熙年间，造桥的“道古”不是别人，正是南宋大数学家秦九韶，道古是他的字。

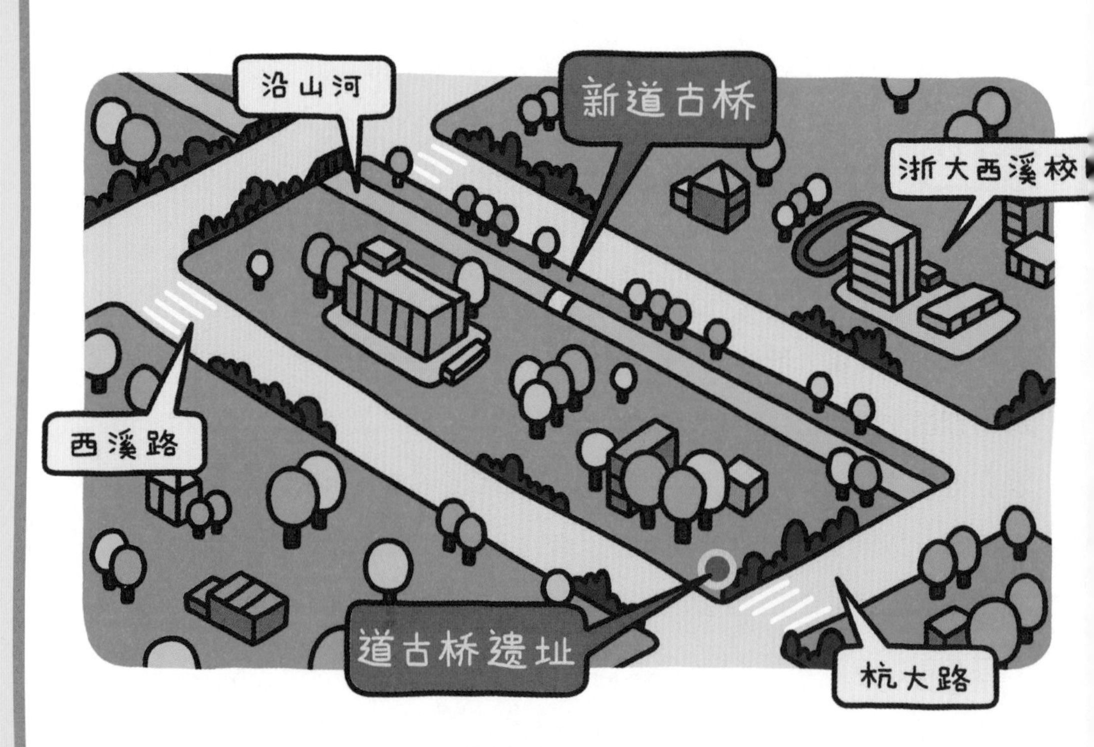

道古桥在杭州的位置图

乍一听，秦九韶这个名字你可能不熟悉，但他是我国宋元数学研究高峰时期的主要代表人物，还是学霸级的通才。秦九韶字道古，祖籍河南范县，他出生在普州（今四川安岳）。安岳位于今成都和重庆之间，文化底蕴深厚，以精美的石刻艺术闻名。他的父亲中过进士，曾担任巴州（今四川巴中）地方长官。1219 年，巴州发生了一起兵变，这导致秦父背井离乡，调任首都临安（今浙江杭州）。

1201 年，临安发生了一场大火，连烧了三天三夜，烧掉了御史台、太庙、三省六部等，受灾居民达 35 000 多家，部分朝廷命官及家眷只好搬到郊外，住在西溪河畔，秦九韶一家到临安后也住在那里。

秦九韶的父亲到临安后先出任工部郎中，后任秘书少监，掌管图书，这使秦九韶有机会博览群书。父亲还带他拜访临安等地各领域的名师，学习天文历法、土木工程、算术、诗词等。1225 年，秦父又被任命为潼川（今四川三台）知府。秦父决定把家眷安置在离临安不远的湖州，只带了小儿子秦九韶前往赴任。

这样的教育背景，加上秦九韶自幼聪颖好学，刻苦勤奋又敢于创新，秦九韶成了一位通才，他熟知星象、音律、算术、诗词、弓剑、营造等多方面知识。1232 年，秦九韶考中进士，先后在四川、湖北、安徽、江苏、江西、广东等地做官。

1238 年，秦九韶的父亲去世了，他回到临安，为父亲守孝。秦九韶见西溪河上没有桥，两岸的人想到对岸去要坐渡船，非常不方便。他就自己设计，再从官府得到银两资助，在西溪河上造了一座桥。

道古桥的由来

秦九韶造的桥建好后没有名字，因为建在西溪河上，人们就叫它“西溪桥”。直到元代初年，另一位大数学家朱世杰造访杭州，倡议将“西溪桥”改名为“道古桥”，以纪念造桥人、令人敬仰的数学家秦九韶。

秦九韶与《数书九章》

1244 年，秦九韶在建康府（今江苏南京）做官，因母亲去世，回浙江湖州守孝 3 年。守孝期间，秦九韶专心研究，总结了自己以往的数学成就，完成了 20 多万字的巨著《数书九章》。《数书九章》分 9 类 18 卷，每类有 9 个问题，内容非常丰富，不仅继承了前人的数学传统，还结合实际生活，对日常应用中产生的数学问题进行解答。其中，最重要的成果是第一卷“大衍类”的“大衍总数术”和第九卷“市易类”的“正负开方术”。这本书不仅代表了当时中国数学的最高水平，也领先于世界。

◆ 秦九韶觐见宋理宗

《数书九章》让秦九韶名声大震，同时在天文历法方面，他也颇有成就。秦九韶曾经受到宋理宗赵昀的召见，他在皇帝面前阐述了自己的见解，并呈上他的书稿。

在《数书九章》中，秦九韶提出了“三斜求积术”，这是著名的海伦公式（已知三角形的三条边长求面积）的等价形式。

在《数书九章》第二卷“天时类”，秦九韶写到了历法推算和雨雪量的计算方法。2010 年 3 月，位于南京的中国北极阁气象博物馆正式开馆，它介绍了秦九韶在天文、历法、农事、气象等方面的突出贡献，门外立有秦九韶塑像，塑像的石碑上记载：秦九韶用“平地得雨之数”（即单位面积内的降雨量）量度雨水，是世界上最早对雨量和雪量进行科学测定的科学家。

◆ 湖州飞英塔

宝塔图

《数书九章》里有一幅著名的插图，用来计算图中的宝塔塔尖高度，通过观察角度的调整和正切函数的运用，便可以求解。图中的宝塔与湖州城内的飞英塔造型相似，现存的飞英塔重建于13世纪30年代。

享誉欧洲的秦九韶

1801 年，被誉为“数学王子”的德国数学家高斯，在著作《算术研究》里给出了“大衍求一术”，此前瑞士数学家欧拉已对此做了深入研究，但他们都不知道中国数学家早已有了解法。直到 1852 年，秦九韶提出的解法才被英国传教士伟烈亚力译介到欧洲。伟烈亚力的论文《中国科学史札记》在欧洲学术界受到广泛关注，很快又被从英文转译成德文和法文。

公元 4~5 世纪成书的《孙子算经》里有所谓的“物不知数”问题：今有物不知其数，三三数之剩二，五五数之剩三，七七数之剩二，问物几何？

这个问题用白话文表达就是，有一些不知道数量的物件，三个三个数的话，剩下两个；五个五个数的话，剩下三个；七个七个数的话，剩下两个，问这些物件一共有几个。答案是二十三。

“大衍总数术”给出了上述问题的一般表述，秦九韶利用自己发明的“大衍求一术”，给出了详细的求解方法。欧洲人管“大衍总数术”叫“中国剩余定理”。有意思的是，“大衍求一术”在当今密码学中非常有用。

伟烈亚力和李善兰

伟烈亚力不仅把中国的古典学术著作译介到欧洲，还和中国近代科学先驱、数学家、天文学家李善兰合作，把西方的科学著作翻译成中文。他们合译的英国天文学家赫歇尔的《谈天》，是最早把哥白尼的“日心说”介绍给中国读者的书，他们的译著《代微积拾级》是中国第一部介绍微积分学的书。

秦九韶造桥的故事，可以与英国科学家牛顿造桥的故事相媲美。如今在英国剑桥大学皇后学院内的剑河上有一座“数学桥”，相传最初这座桥的设计者是牛顿。据说，牛顿造这座桥时一根钉子也没用，后来有好事者想看个究竟，悄悄把桥拆下来，发现真是这样。但他再也无法把桥重新组装起来，只好在原址上重新造了一座桥。

在《数书九章》序言的开头，秦九韶提到，周朝数学属于“六艺”（礼、乐、射、御、书、数）之一，是专门的学问。因为人们要认识世界，才产生了数学。没有数学，这个世界将是一片混沌。从大的方面说，数学可以帮助人们认识自然；从小的方面说，数学可以帮助人们经营事务，分类万物。秦九韶坚信，世间万物都与数学相关，这也与古希腊毕达哥拉斯学派的观点不谋而合。

剑桥的“数学桥”，相传为牛顿设计

对随处遇见的种种事物进行思考。

——笛卡尔

坐标系的诞生

笛卡尔以前的法国数学

中世纪以前，一些文明古国取得了耀眼的数学成就，比如古埃及、中国、古印度，当然还有古希腊。而在长达 1000 多年的中世纪里，整个欧洲似乎只出现了一位伟大的数学家——斐波那契，今天以他的名字命名的数列依然有着广泛的应用。

14 世纪，黑死病席卷整个欧洲，夺走了全欧洲近 1/3 的人的性命，那时欧洲在数学上取得的成绩也少得可怜。但瘟疫和战争有时候会改变文明的格局，法兰西在当时崭露头角，逐渐走在世界文明的前列。

当时法国最有名的数学家是奥雷斯姆，他出生在诺曼底，曾翻译了亚里士多德的著作。同时，奥雷斯姆还是中世纪最伟大的经济学家。在数学上，奥雷斯姆最先用坐标确定了点的位置，这预示着现代坐标几何学的诞生，并直接影响了笛卡尔等数学家。

15 世纪，欧洲处于文艺复兴时期，随着拜占庭帝国的瓦解，大量难民纷纷涌向欧洲，带去了古希腊和古罗马的文明成果，促进了整个欧洲的进步。德国商人谷登堡发明了金属活字印刷术，印刷技术的改进引发了媒介革命，也推动了西方科学和社会的发展。15 世纪末，哥伦布发现了美洲新大陆。不久之后，麦哲伦完成了人类历史上第一次环球航行。

◆ 航海望远镜

15 世纪法国最出色的数学家是许凯，他出生在巴黎，之后在里昂生活、行医。许凯率先考虑了负的整数指数，他的《算术三编》里讨论了三个问题："有理数的计算""无理数的计算"和"方程论"。

16 世纪法国最有影响力的数学家叫韦达，他出生在法国中部的普瓦捷（许多年后笛卡尔也在这座城市上大学）。在法国与西班牙的战争中，韦达帮助政府破译了敌方的密码，充分展示了自己的数学才能。韦达的数学成就不难理解，如中学数学课本里，确立了一元二次方程中根和系数之间关系的韦达定理、三角学中的半角公式等。韦达还是第一个提出代数系统符号化的人。

从以上事实我们可以看出，在文艺复兴之初，法国的数学水平已达到世界领先，为近代数学和科学的发展奠定了基础。现在，该轮到笛卡尔出场了。

小时候的笛卡尔

1596 年，笛卡尔出生在法国西北部都兰地区的一个贵族家庭。他小时候体弱多病，母亲病故后，父亲另娶了妻子，把他交给外婆抚养。自幼失去母亲和父亲的关怀，也许是他生性孤僻的一个原因。他从小就对周围的事物充满了好奇，父亲希望他将来能成为神学家，于是在笛卡尔八岁时，送他进教会学校，接受古典教育。

小笛卡尔很幸运，碰到一位极有人文修养的校长。他看出这个孩子虽然身体不好，却天赋过人，于是就让他先增强体质，允许他可以不上早自习。从那时开始，笛卡尔在一天中的大部分时间都留在房间里，安安静静地躺在温暖舒适的床上思考，乐此不疲。他在部队当兵时，也习惯躺在床上冥思苦想。漫长而安静的早晨是启发他哲学和数学思想的重要时刻，让他迸发出了无数灵感。

冷知识

尽管笛卡尔身体虚弱又爱睡懒觉，他却是个勇敢的军人，曾被授予中将军衔，但他拒绝了。

天才的世纪

17 世纪，是法国数学的辉煌时期。法国诞生了多位数学天才，如笛卡尔、费尔马、帕斯卡尔……可以说是群星璀璨。他们的出现，使法国数学全面超越了意大利。

笛卡尔和《方法论》

笛卡尔很早就意识到，数学方法的本质是以命题为起点的，这些命题的真实性能够被证明，被演绎，逐步推导出其他结论。也就是说，他既考虑到了数学内在的严密性，又没有忽视感性知觉。他鼓励人们怀疑所谓权威，在自我探寻方面走得更远，这种方法与亚里士多德三段论的形式化不同，它是一种崭新的时代精神。

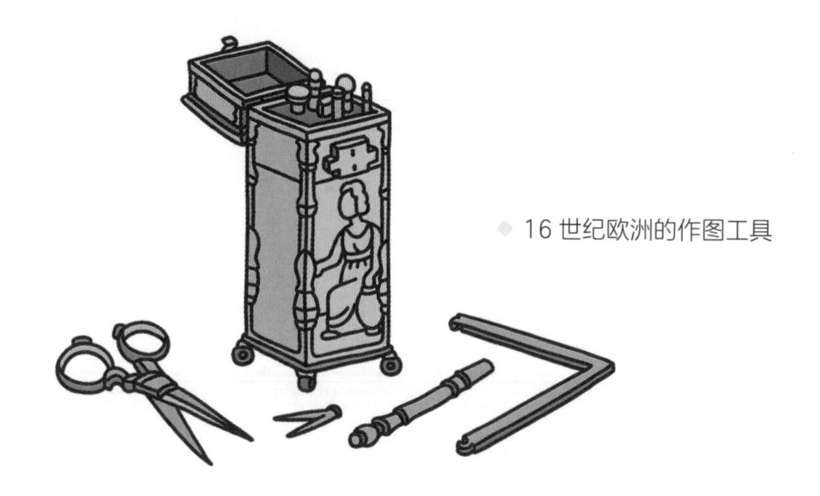

◆ 16 世纪欧洲的作图工具

笛卡尔和牛顿

笛卡尔的《方法论》后来辗转流传到英国，启迪了当时在剑桥大学念书的牛顿。后来，牛顿在自己家的农场里，从一只落地的苹果获得启示，提出了万有引力定律。可以说，正是笛卡尔的思想启发了牛顿。

《方法论》是笛卡尔的第一部哲学著作，出版于 1637 年。笛卡尔的几何学正是作为该书的附录而首次面世。书中，笛卡尔提出以下四个准则。

第一，不接受任何自己不明白的真理。不迷信权威，不盲从，只要是自己没有真切理解的，不管是谁得出的结论，都可以怀疑。这就是著名的“怀疑一切”理论。

第二，研究复杂问题的时候，尽量将其分解成多个简单的小问题，然后采用“逐个击破法”，一个一个分别解决。

第三，按照从简单到复杂的顺序给小问题排序，先从容易的小问题着手，依次解决。

第四，小问题都解决后，要把小问题综合起来再进行检验，看解决得是否完全彻底。

在《方法论》的最后一部分，笛卡尔得出结论：他认为物质世界的科学必须以现实世界的绝对性为基础，在这个过程中，怀疑的方法应被普遍应用，怀疑即思考。这种怀疑不同于否定一切知识的不可知论，而是以怀疑为手段，达到去伪存真的目的，破旧立新。

此前，西方哲学家信奉“一元论”，把世界万物归结为一种本原。笛卡尔是哲学史上著名的“身心二元论”代表，在他的世界里，有两个独立存在的实体：身体和心灵，其中心灵的作用如他所说的——“我思故我在”。

笛卡尔坐标系

笛卡尔的数学贡献大致可以归纳为以下几个方面。

第一，算术的符号化。例如，我们现在普遍使用的已知数 a、b、c……和未知数 x、y、z……以及指数表达式，都是由笛卡尔率先使用的。

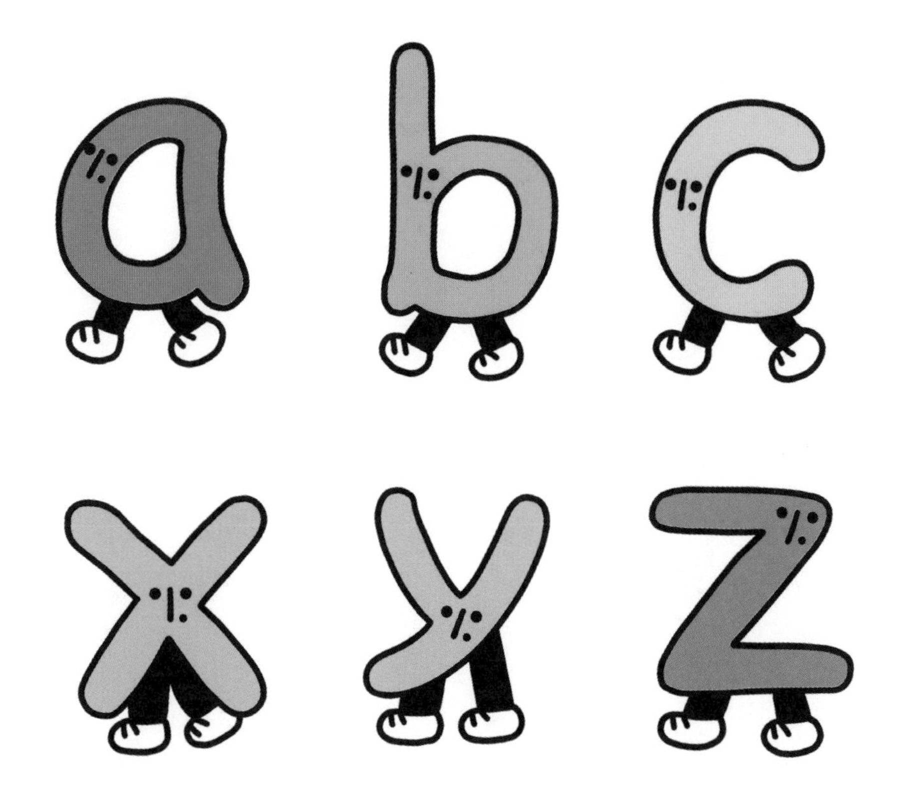

第二，笛卡尔从某个原点出发，延伸出 x 轴和 y 轴，建立了历史上第一个倾斜坐标系，并给出直角坐标系的例子——解析几何由此诞生。解析几何的出现，把相互对立的“数”与“形”统一起来，使几何曲线与代数方程相结合。笛卡尔的这一创见，为微积分的发明奠定了基础。

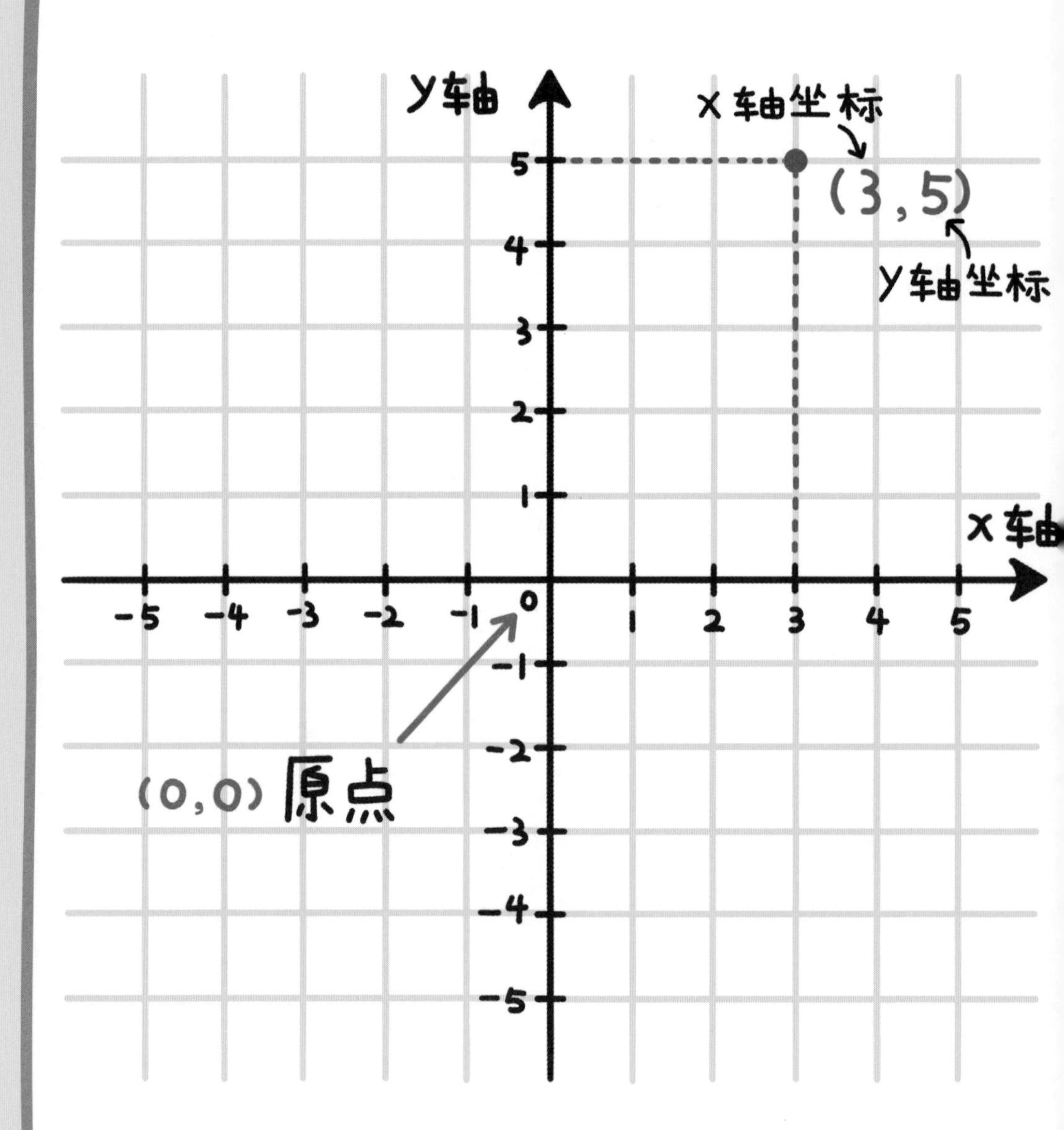

笛卡尔坐标系

第三，明确了凸多面体的顶点数 v、边数 e 和面数 f 之间的关系：$v-e+f=2$。人们把这个公式称为欧拉－笛卡尔公式。

第四，发明笛卡尔叶形线。它在微积分学教程里经常出现。

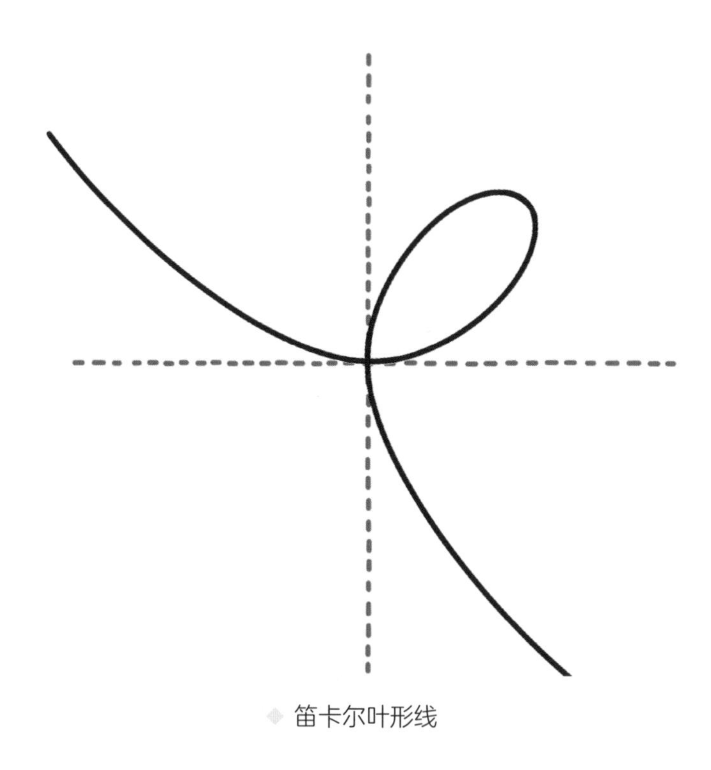

笛卡尔叶形线

冷知识

据说，有一天，笛卡尔躺在床上，看见苍蝇在天花板上飞来飞去。他因此受到启发，发明了坐标系。那时他正在德国小城乌尔姆，两个世纪以后，爱因斯坦在乌尔姆出生。

作为文化传统的数学

从笛卡尔时代起，法国的数学天才就层出不穷，诞生了一大批数学大师，提出了许多伟大的猜想，像费尔马大定理、波利尼亚克猜想、庞加莱猜想，还有我们熟知的哥德巴赫猜想。

至今，法国依然是世界数学强国之一。为什么在法国会出现这么多的数学大师？这要归功于法国人喜欢幻想并善于幻想。除了在数学上成就突显，法国也涌现出了无数杰出的诗人、画家和音乐家。在法国人看来，数学是他们传统文化的一部分。

西汉时期中国有了数理天文学著作《周髀算经》和古代数学经典《九章算术》；南北朝时期的祖冲之对圆周率的估算领先西方一千多年；最有

◆ 努力工作的中国数学家

世界影响力的南宋数学家秦九韶，留下了写有“大衍总数术”和“正负开方术”等重要成果的著作《数书九章》。

虽然到了近代，我们在数学发展上有一个大断裂，但是我们的前辈数学人努力打基础，比如在大学开创数学系等，为后来的数学发展储备了人才。如今，我们大步迈出了追赶的步伐，会有更多的人热爱数学，钻研数学，探讨数学的未来，中国的数学事业一定会兴旺发达，中国也会成为一个真正的数学大国。

对此命题（费尔马大定理）我有一个非常美妙的证明，可惜此处的空白太小，写不下来。

——费尔马

费尔马大定理

费尔马生平

1601 年，费尔马出生在法国南部的小镇博蒙 - 德洛马涅，他的父亲是一位富有的皮革商人，因此他有机会进入教会学校学习，随后又去了附近的图卢兹大学工作。

图卢兹

图卢兹是法国上加龙省的首府，也是南部 - 比利牛斯大区的中心城市，历史悠久。

图卢兹的城徽

30 岁那年，费尔马遵从家人的意愿，做了法律顾问，在图卢兹议会的上访接待室任职。他利用公务之余钻研数学，虽然年近 30 岁才开始数学研究，但硕果累累。费尔马在数论、解析几何学、概率论等方面都有重大贡献，被誉为“业余数学家之王”。

对费尔马影响最大的一部书籍是古希腊数学家丢番图的《算术》。12 世纪，欧洲掀起了翻译阿拉伯文献的热潮。亚里士多德、柏拉图、欧几里得、阿基米德和托勒密的著作等，都在这个“翻译时代”传回了欧洲。

《算术》

《算术》的大部分内容可以划入代数的范畴。作者是古希腊亚历山大时期的丢番图（活跃于公元250年前后），生卒年代已不可考。

奇怪的是，丢番图的这本《算术》一直没有被译介到欧洲。直到1453年，土耳其人洗劫了拜占庭帝国的首都君士坦丁堡，即如今横跨亚欧两大洲的城市——伊斯坦布尔。这部书的希腊文残本才被逃难的拜占庭学者带到欧洲。此后，《算术》不断被翻译、校订，陆续在欧洲各地出版。1621年，这本书的希腊－拉丁文对照版本在巴黎出版。这一年费尔马刚满20岁，数学史上的一个重要角色注定要由他来扮演。

费尔马的工作占据了他白天的时间，而夜晚和假日几乎全被他用来研究数学。因为切线及其极值点方法的使用，费尔马对微积分的发明有很多贡献；他还独立发现了解析几何的基本原理；费尔马和帕斯卡尔通过信件来往，共同创立了概率论。在光学方面，他提出的“费尔马原理”——光在两点间所走的路径是所需时间最短的路径——流传至今。

费尔马和《算术》

在费尔马心目中，自己所有的数学成就都不如他在《算术》书页空白处写下的一系列评注更有意义。他热衷于纯粹的数字智力游戏，一直被一种强烈的欲望驱使——想要了解自然数的性质以及它们之间的相互关系。《算术》成书于 1000 多年前，费尔马得到这本书时如获至宝。书中提出了 100 多个数学问题，作者丢番图对这些问题逐一解答。在研究这些问题和答案时，费尔马经常去思索和解决一些相关的微妙问题。值得庆幸的是，这部译本每一页都留有较多的空白，费尔马会匆匆在空白处写下评注。

对后世的数学家来说，这些不太详尽的评注成了一笔取之不尽、用之不竭的财富。跟那时的大多数数学家一样，费尔马没有公开自己的研究结果。当时，有一个叫梅森的神父非常支持费尔马研究数学，并鼓动他多跟别的数学家进行交流。梅森神父自己也热衷于研究数学问题，并定期组织科学家进行各种聚会，他的圈子是后来法国科学院的雏形。

梅森神父拜访费尔马

尽管梅森神父煞费苦心，但费尔马仍固执地拒绝将自己的研究结果公之于众。他性情淡泊，为人谦逊，无意发表成果。这样一个缄默的天才，一生中放弃了很多成名的机会。对他来说，得到人们的认可似乎毫无意义，唯有发现新的定理才会带给他喜悦，他喜欢独自沉浸在这种隐秘的喜悦中。

费尔马与牛顿

牛顿是微积分的发明者之一。在牛顿去世200多年以后，有人在他的一篇文章中发现一个注记——原来他的微积分是在“费尔马先生画切线的方法”的基础上发展起来的。

64 岁那年，刚过完元旦，费尔马到邻近的塔恩省执行公务，不幸染上一种严重的疾病，很快就去世了。

因为费尔马与巴黎的数学界并没有往来，所以他的各种发现在他去世前一直没有发表。幸好费尔马的长子克莱芒 - 萨米埃尔意识到父亲的“业余爱好”可能有重要的价值，于是他花了 5 年时间，仔细研读父亲草草写在书页空白处的文字，整理出了 48 条珍贵的评注。

1670 年，《附有皮埃尔 · 德 · 费尔马评注的丢番图的〈算术〉》一书出版，收录在这本书中的第二条评注便是著名的“费尔马大定理”。

克莱芒 - 萨米埃尔

费尔马的谜题

数学家们奉行的保密原则源于古希腊，早在公元前 6 世纪，毕达哥拉斯就严禁弟子把数学发现泄密给外人。毕达哥拉斯从音乐的和声中引申出宇宙和谐论，认为数贯穿一切事物，数支配宇宙，因此他宣称“万物皆数”，他创造的“数学”这个词的希腊文原意是“可以学到的知识”。

毕达哥拉斯发现了“毕达哥拉斯定理”，即直角三角形的两个直角边长度的平方之和等于斜边长度的平方。虽然中国人和古巴比伦人发现这个秘密的时间比希腊人要早得多，但他们并没有给出严格的证明。

毕达哥拉斯不仅对此进行了严格的证明，还从这个几何问题中提炼出有关整数的方程（后人称此类方程为丢番图方程），即如何将一个平方数写成两个平方数之和。他探讨了满足这个方程的所有三元数组，其中最小的一组当然是“3、4、5”。

毕达哥拉斯

在丢番图的《算术》里，这个问题的编号是 8。正是在《算术》第二卷靠近问题 8 的页边上，费尔马写下了下面这段文字：

“不可能将一个立方数写成两个立方数之和，或者不可能将一个 4 次幂写成两个 4 次幂之和；或者，总的来说，不可能将一个高于 2 次的幂写成两个同次幂之和。”

$$x^n + y^n = z^n \text{（}n>2\text{时，无正整数解）}$$

费尔马还写下：“对此命题我有一个非常美妙的证明，可惜此处的空白太小，写不下来。”这位喜欢恶作剧的数学家故意给全人类设计了一个智力游戏，引起了数学界的震动。

证明费尔马大定理

随着《附有皮埃尔·德·费尔马评注的丢番图的〈算术〉》的出版，费尔马这个谜题在接下来的300多年间闻名于世。费尔马的谜题吸引了众多杰出的数学家致力它的论证，许多数学天才曾经全身心地投入，耗尽了毕生精力，才发现攻克它实在是太难了！

19世纪，法国科学院把费尔马的这一谜题称为“费尔马最后的定理”，中文译为“费尔马大定理”，并为证明者设立了第一笔奖金，从此费尔马大定理风靡全球。第一笔奖金给了德国人库默尔，因为他说明了证明费尔马大定理的希望非常渺小。在库默尔去世15年以后，另一位德国人沃尔夫凯勒为破译费尔马大定理注入了新的活力，他立下遗嘱，用10万马克（约合800万人民币）奖给第一个证明它的人。

直到 1995 年，一位叫怀尔斯的英国数学家彻底证明了费尔马大定理，并领走了诱人的奖金。虽然不久以后，怀尔斯的证明被发现有漏洞，但是他经过两年的不懈努力，尤其是得到他的学生泰勒的帮助以后，彻底修补好了漏洞。

怀尔斯

怀尔斯是个幸运儿，实际上他证明的是以两位日本数学家名字命名的谷山－志村猜想。之前已有人发现并证明，由谷山－志村猜想可以导出费尔马大定理。怀尔斯的证明运用了现代数学中许多深刻的方法和结论，这些方法和结论中的很大一部分都是受费尔马大定理的启发而发展起来的。

谷山丰和志村五郎

经过 300 多年跌跌撞撞的尝试，全世界的数学家为费尔马大定理的解决铺就了台阶。德国数学家希尔伯特早在百余年前就把费尔马大定理比喻为“一只会下金蛋的鹅”。为什么这么说呢？原来数学家对费尔马大定理长达 3 个多世纪的研究过程中，提出了很多绝妙的数学概念和理论，甚至还产生了包括代数数论在内的数学分支。

自从牛顿和莱布尼茨发明微积分以后，数学的应用价值越来越为人们所知，数学家开始从事一些新领域的研究，这些领域包括粒子物理学和生命科学，以及应用科学。与此同时，在这个讲求实用性的时代，以费尔马毕生钟爱的数论为代表的纯粹数学逐渐不受人重视。不过，聪明的数学家每隔一段时间就会抛出一条特大新闻，吸引大众的视线。费尔马大定理之后，数学宝库里还有黎曼猜想、哥德巴赫猜想、孪生素数猜想、BSD 猜想和 abc 猜想……还有毕达哥拉斯时代遗留下来的完美数和友好数问题。

他几乎以神一般的思维能力，最先说明了行星的运动和图像、彗星的轨迹和大海的潮汐。

——牛顿墓志铭

微积分的发明

微积分的诞生

微积分的诞生是划时代的数学成就，它是人类文明史上最伟大的智力成就之一。微积分中第一个重要的概念是极限。早在古希腊时期，安蒂丰在几何学的研究中就运用了极限的概念，他把正多边形内接到圆中。随着正多边形边数的成倍增加，正多边形的面积越来越接近圆的面积。极限的思想也可以在魏晋时期的数学家刘徽的割圆术中找到，他也用在圆中内接正多边形的方法，来计算圆的周长、面积和圆周率。

到了 17 世纪，解决科学问题的需要促使了微积分学的诞生。总的来

说，主要有四类问题：第一类是研究运动时出现的，也就是求即时速度和加速度的问题；第二类是几何学中求曲线切线的问题；第三类是求函数的极大值和极小值问题；第四类是求曲线的长度、曲线围成的面积、曲面围成的体积、物体重心等的问题。

要产生微积分，还需要一个基本的概念——函数。函数是有关变量之间的一种相互关系，这是数学家研究运动问题时发展出来的。这个概念在几乎所有的数学研究中占中心位置。函数的概念出现后，微积分便诞生了，它是继欧几里得几何学之后，数学中一个很重要的创造。

微积分学的创立，极大地推动了数学的发展。原来遗留下来的、用初等数学无法解决的问题，运用微积分学往往能迎刃而解。然而，新学科的创立不可能一蹴而就，它不是某一个人的功劳，这要经过许多人甚至几代人的努力才得以完成。微积分学的创立也是这样的。

如今，我们把微积分的发明归功于两个人——英国人牛顿和德国人莱布尼茨。他们二人各自独立研究微积分，又在相近的时间里完成研究。他们的成果各有长处，也各有缺陷，都不尽完善。直到 19 世纪，他们的研究成果才由法国数学家柯西和德国数学家魏尔施特拉斯进一步将其严格化，使极限理论成为微积分学的基础。

牛顿生平

1643 年 1 月 4 日，数学家、物理学家牛顿出生在英格兰林肯郡的乌尔索普镇。他是一个早产儿，他的父亲在他出生前 3 个月去世了。牛顿出生时很瘦小，身体孱弱，但他却活到了 84 岁。

牛顿 2 岁那年，母亲嫁给邻村一位年老而富有的牧师，把他留给外婆抚养。后来母亲又生了 2 个孩子。在他 10 岁那年，继父也去世了，母亲又回到乌尔索普，带着弟弟妹妹和牛顿住到了一起。牛顿从小沉默寡言，性格倔强，他动手能力很强，喜欢摆弄机械，花大把的时间制作钟、水车和风车模型等小东西。他还喜欢绘画、雕刻，特别喜欢刻日晷，喜欢随时查看太阳影子的变化。家里的墙边、窗台上到处安放着他做的日晷。

小学毕业后，牛顿到离家不远的格兰瑟姆小镇上中学。牛顿在中学时代学习成绩并不理想，对数学只是一知半解，但他熟练掌握了拉丁文，热爱读书，对自然现象充满好奇。平时，牛顿喜欢记读书心得，还会做些小工具，进行一些小试验。

牛顿在制作时钟

母亲希望大儿子牛顿踏踏实实当一个农民，做家里的顶梁柱，管理农庄。但牛顿对农庄里的事一窍不通，更谈不上管理了，他更愿意安安静静地待在苹果树下读书、思考，经常忘了干活。幸好牛顿的母亲很快发现了这个问题，又把他送回学校继续读书，希望他将来能上大学。

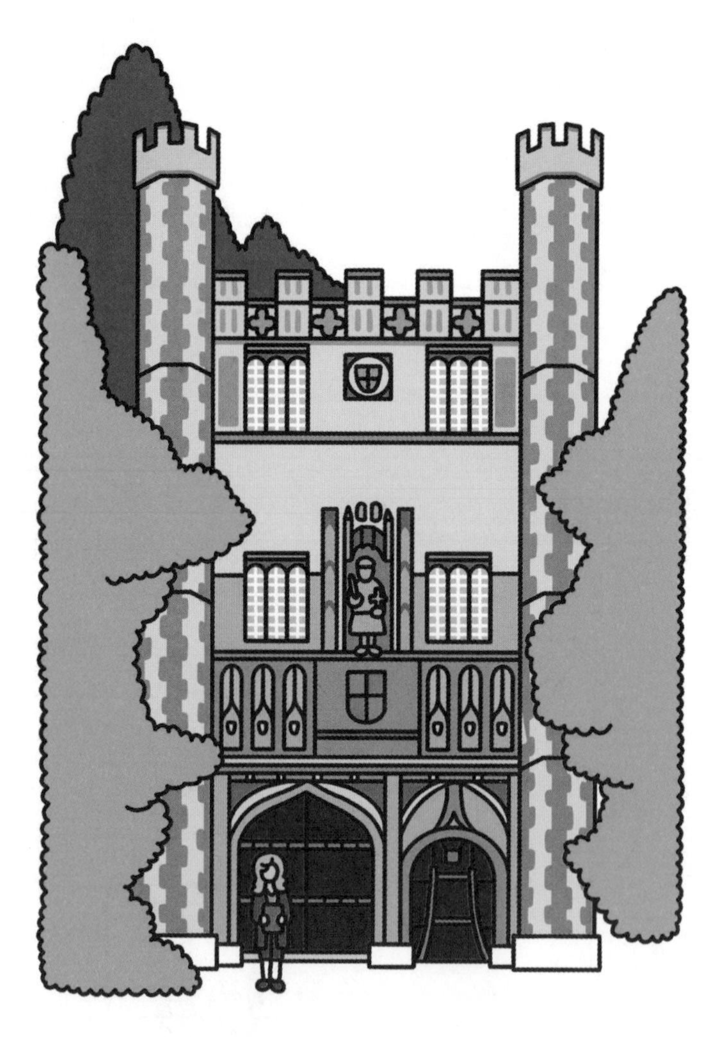

剑桥大学三一学院正门

在剑桥的牛顿

1661 年，牛顿进入剑桥大学三一学院，由于中学曾辍学一段时间，所以他比班里别的同学年龄都大。当时“科学革命”正进行得如火如荼。哥白尼、开普勒等天文学家完善了日心说；伽利略提出的基于惯性原理的自由落体运动定律，已成为新力学的基础；笛卡尔已开始提出新的思考自然的方法，他认为自然是复杂的，不以人的意志为转移。可是，当时的大学教授们却对这些变革视而不见，他们固守亚里士多德的学说，依然坚持地心说。

哥白尼

与那个时代成千上万的大学生一样，牛顿在上大学之初，也沉迷于亚里士多德的学说。但是后来，他渐渐对笛卡尔的哲学新思想有所了解，开始相信物理世界由运动着的粒子组成。

在数学领域，牛顿学习了笛卡尔的解析几何，掌握了用代数解决几何问题的方法，然后又转去学习经典几何学。牛顿从学习中获得启示，得到了二项式定理，又借助费尔马的画切线方法，发明了微积分，用来求曲线的斜率和曲线下的面积。

牛顿在阅读笛卡尔著作

莱布尼茨生平

1646 年，牛顿出生 3 年后，莱布尼茨降生在德国东部名城莱比锡。他是一位稀世通才，是举世闻名的数学家、哲学家，也是一位训练有素的律师。莱布尼茨兴趣广博，对神学、哲学、数学、中国历史和哲学、外交、语言学和词源学都研究并留下了著作。

跟牛顿相比，莱布尼茨生于书香门第。他的父亲是莱比锡大学的哲学教授，在莱布尼茨 6 岁时去世，留下了一座私人图书馆。他的母亲致力培养和教育唯一的儿子和莱布尼茨的姐姐。

15 岁那年，莱布尼茨进入父亲任教过的莱比锡大学学习哲学，后来他又选修了法学。接触到哲学以后，他要在近代哲学和以亚里士多德逻辑学为代表的经院哲学之间进行选择，中学时代，他曾对后者颇感兴趣，但是某一天，在莱比锡一座公园里散步时，莱布尼茨下定决心，毅然决然地选择了近代哲学。为此，他必须要学习和研究数学。

莱布尼茨和美因茨选帝侯

莱布尼茨 20 岁那年，莱比锡大学以年纪太轻为由，没有授予莱布尼茨法学博士学位。随后，他又转学到德国东南部城市纽伦堡的阿尔特多夫大学，于第二年在那里通过了博士论文答辩。阿尔特多夫大学向莱布尼茨伸出橄榄枝，愿意聘请他担任教授，莱布尼茨却婉言拒绝了。

◆ 莱布尼茨和博因堡男爵

原来，莱布尼茨不久前遇见了美因茨选侯国的首相博因堡男爵，年轻的莱布尼茨给男爵留下了深刻的印象。因此，男爵邀请他担任选帝侯的法律顾问助手，同时担任男爵的图书馆馆长。从那以后，莱布尼茨一生都为贵族或君主工作。

美因茨

美因茨位于莱茵河西岸，是德国西南部的历史名城。1450年前后，德国金银匠谷登堡发明了西方活字印刷术，在美因茨开办印刷厂，因此美因茨成为当时欧洲的印刷中心。美因茨选帝侯是有权选举罗马皇帝的诸侯。

美因茨选侯国国旗

当时法国称霸欧洲，德国则由几百个独立邦国联合而成。选帝侯和男爵担心强大的法国会侵犯美因茨，莱布尼茨便建议向法国国王路易十四进献计策，让他出兵攻打埃及，以此来分散法国的注意力。结果，莱布尼茨的计策被采纳，他被派往巴黎担任外交官。

莱布尼茨出使巴黎

从1672年开始，莱布尼茨出使巴黎，在那里留居4年。在这段时间内，他贡献了包括微积分在内的众多数学成果，反而对自己的外交官职责不怎么用心，也没有达到向法国国王献计的目的。

莱布尼茨抵达巴黎之初，他的数学基础很薄弱，因为那时德国的数学远远落后于法国。但幸运的是，他在巴黎结识了荷兰数学家、物理学家惠更斯，虚心地向他学习，潜心研究高等数学。

◆ 莱布尼茨出使巴黎

1673年初，莱布尼茨从法国巴黎出发，陪同选帝侯的侄儿到英国伦敦作短期访问。他顺便带去了自己发明的一台机械计算机，这台机器可以进行乘除计算，性能很稳定。这让数学同样落后的英国人大开眼界。

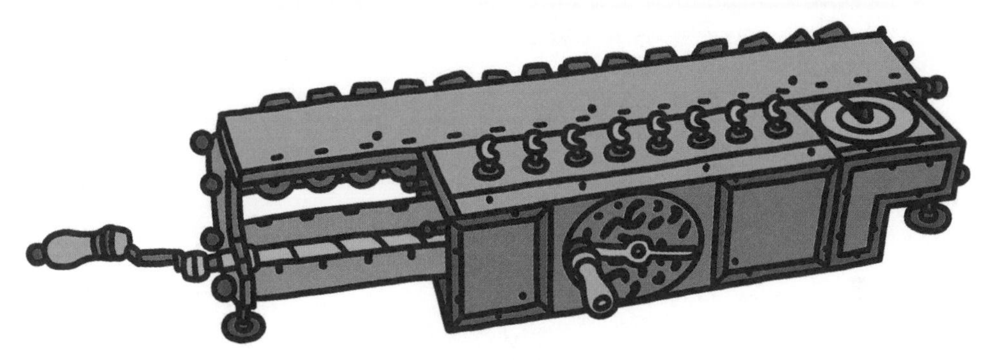

莱布尼茨发明的机械计算机

在伦敦期间，莱布尼茨还发现了下列无穷级数表达式：

$$\frac{\pi}{4}=1-\frac{1}{3}+\frac{1}{5}-\frac{1}{7}+\cdots$$

利用它可以把圆周率算得很精确。

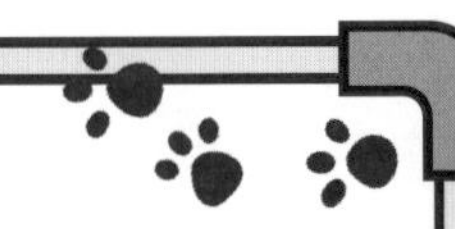

莱布尼茨的机械计算机

莱布尼茨改进了帕斯卡尔的加法器，发明了机械计算机，可以用来计算乘法、除法和开方，而当时一般人还不大会做乘法运算。其中一台机械计算机被他带到伦敦，另一台被汉诺威图书馆收藏，还有一台被俄罗斯的彼得大帝作为礼物送给了中国皇帝（这件礼物后来下落不明）。

遗憾的是，莱布尼茨的英国之行因为选帝侯突然去世而被迫中止。在此之前，博因堡男爵也已经病故。那年冬天，莱布尼茨接连失去了两位赞助人，他只得返回巴黎，并在巴黎又待了 3 年。1676 年，他完成了微积分的研究。此外，他还发明了二进制，后来被用于计算机。

帕斯卡尔三角

帕斯卡尔是与笛卡尔、费尔马齐名的数学家。我们现在使用的压强单位就用“帕斯卡尔”命名，简称“帕”。帕斯卡尔和笛卡尔的通信，被认为奠定了概率论这一数学分支的基础，而作为概率论研究的副产品，帕斯卡尔得到了二项式展开系数之间的相互关系，这个系数按升幂排列的形状叫“帕斯卡尔三角”，在中国又被称为“贾宪三角”或者“杨辉三角”。

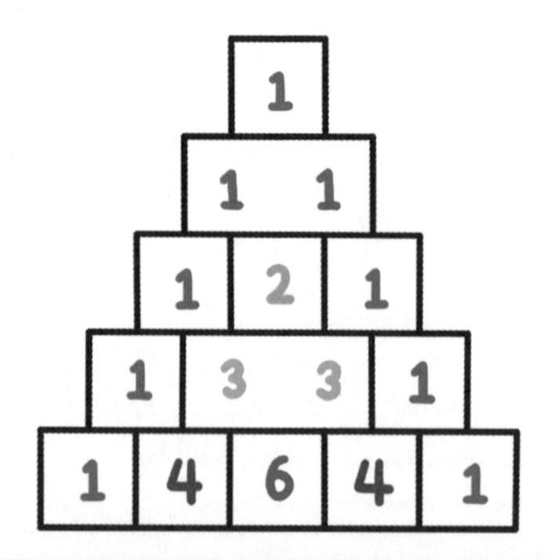

事实上，牛顿和莱布尼茨是各自独立发明微积分的。牛顿使用的“流数法”有运动学的背景，他的推导过程更多属于几何学；而莱布尼茨受到帕斯卡尔三角的启发，他的论证更多地运用了代数学的技巧。莱布尼茨对数学形式有着超人的直觉，因此今天的微积分学教程大多采用他的表述方式和符号体系。

向欧拉学习吧，他是我们所有人的老师。

——拉普拉斯

6 哥尼斯堡七桥问题

欧拉生平

你能说说那些被印在钞票上的科学家吗？你肯定知道牛顿、达尔文、爱因斯坦、居里夫人……还有一位出现在瑞士法郎上的数学家兼物理学家欧拉。欧拉是最高产的数学家之一，双目失明之后，仍以惊人的记忆力和心算技巧继续发挥创造力，出版了大量数学论著。虽然成年以后，欧拉主要生活在两座遥远的异国城市——俄国的圣彼得堡和德国的柏林，但在他的祖国瑞士，印有他肖像的纸币至今仍在流通。

1707 年 4 月 15 日，欧拉出生在瑞士北部城市巴塞尔。美丽的莱茵河从市中心穿过，这座城市邻近法国和德国，交通便利，是当时欧洲的商贸中心。虽然这座城市的人口至今仍不足 20 万，却拥有瑞士最古老的学府——巴塞尔大学。

巴塞尔老城

尼采和巴塞尔大学

德国哲学家尼采年轻时曾在巴塞尔大学担任过 10 年的古典文献学教授，在那里完成了他的代表作《悲剧的诞生》。

尼采

欧拉走上数学之路，与贝尔努利家族有着密不可分的关系。贝尔努利家族是数学史上一个伟大的家族，三代人中出现了八位极有成就的数学家，其中一位叫雅各布的家族成员在巴塞尔大学做数学教授，他正是欧拉父亲的老师。

小欧拉天资聪颖，父亲希望欧拉将来能接替自己做一名神职人员，1720 年，他把还不满 14 岁的欧拉送进巴塞尔大学学习神学、希腊文和希伯来文。欧拉应该是当时大学里年龄最小的学生，每到周日，他还要跟雅各布的弟弟约翰学习数学。很快，约翰就发现欧拉很有数学天分。欧拉的勤奋和突出的数学才能，也引起了约翰的两个数学家儿子尼古拉和丹尼尔的关注，他们与欧拉成了好朋友。17 岁那年，欧拉获得哲学硕士学位。在几位贝尔努利家族前辈的极力劝说下，欧拉的父亲才同意让欧拉转攻数学。从此，欧拉一生与数学相伴。

◆ 欧拉在巴塞尔大学

那时，数学家在瑞士能找到的工作很少。那些有才华、有抱负的瑞士数学家只好远离家乡，去法国、德国、俄国寻求发展。这些国家的君主很有远见，斥巨资建立皇家科学院，在他们的推动下，皇家科学院起到了科研带头作用。贝尔努利家族的尼古拉和丹尼尔也离开家乡，应聘到俄国的圣彼得堡科学院工作。在他们兄弟俩的大力举荐之下，1727 年，欧拉也离开了自己的祖国，动身前往遥远而寒冷的俄国，供职于圣彼得堡科学院。那以后的 6 年时间里，欧拉在科学院的数学部埋头研究，完全沉浸在数学王国里，直到他的引路人之一丹尼尔决定离开俄国。

1733 年，丹尼尔回到瑞士后，欧拉接替他做了圣彼得堡科学院的数学部主任。那年欧拉只有 26 岁，准备在俄罗斯安家。

由于劳累过度，欧拉得了眼病，1735 年，他的一只眼睛失明了。欧拉并没有因此止步，他继续闭门

欧拉在圣彼得堡

◆ 欧拉和普鲁士国王

钻研，读书写作。

1740 年，俄国的安娜女皇退位，欧拉接受了普鲁士国王腓特烈大帝的邀请，离开了圣彼得堡，远赴柏林科学院担任数学部主任。

普鲁士国王支持数学，仅仅因为他觉得那是自己的一种责任，但他从内心里讨厌这门学问，因为他自己的数学不怎么好。国王喜欢手下溜须拍马，但欧拉生性谦恭，不善言辞，因此欧拉与国王相处得并不愉快。国王也认为他不适合做柏林科学院的核心人物。面对这样的处境，考虑自己子女的前途，欧拉只好打点行装，毅然离开生活了 25 年之久的柏林。1766 年，欧拉再次回到了寒冷的圣彼得堡，他的妻子和儿孙们也一同返回。

此时俄罗斯又有了一位新女皇——叶卡捷琳娜二世。欧拉回到圣彼得堡之后，女皇以非常高的规格接待了他，并拨给他一栋大房子，供他全家 18 人居住。女皇还特地派了自己的一个厨子去给欧拉做饭。在女皇的关照下，欧拉毫无后顾之忧，专心研究数学。

叶卡捷琳娜二世

叶卡捷琳娜二世又被称作叶卡捷琳娜大帝，在位 34 年。她继承了彼得大帝未竟的事业，领导俄国全面参与欧洲的政治和文化生活，制定法典并厉行改革。

◆ 欧拉觐见叶卡捷琳娜二世

1783年9月18日，一个晴朗的秋日下午，欧拉像往常一样在石板上写着什么，可能是在计算气球上升的轨迹。然后，他和家人一起吃晚饭，谈论着新发现的天王星。晚餐后，欧拉一边喝着茶，一边和小孙女玩耍，突然，烟斗从他手中滑落下来，他说了一句“我死了”，随即欧拉停止了生命和计算。

欧拉的数学成就

欧拉是纯粹数学的奠基人之一，也是历史上最卓越的科学家之一。他在数论、几何学、拓扑学、力学等方面都有重大的原创性贡献，还把成果广泛地应用到物理学和工程技术领域。欧拉的一个无与伦比的优点是他的细心和耐心。

欧拉还是一位出色的教科书作者，他撰写的《无穷小分析引论》《微分学原理》和《积分学原理》都是数学史上里程碑式的著作。此外，欧拉在俄国时编写了初等数学教程，改革度量衡制度，设计了税率、年金和养老保险等的计算公式。

◆ 以欧拉名字命名的数学发现无处不在

欧拉也是对数学符号系统贡献最大的数学家之一。他率先用 f(x) 表示函数，e 表示自然对数的底，i 表示虚数，s 表示三角形的周长，a、b、c 分别表示三角形的三条边，π 表示圆周率，Σ 表示求和；正弦 sin 、余弦 cos 和正切 tan 也是欧拉引入的。一直到今天，我们在数学课上使用的依然是这些符号。

孜孜不倦的失明者

从事数学研究的欧拉在晚年双目失明，但他的创造力丝毫没有减少。欧拉一生完成了 800 多篇论文和著作，其中 58% 是数学方面的。

哥尼斯堡七桥问题

今天，在俄罗斯广袤的土地上，有一块远离本土的飞地——加里宁格勒。它位于波罗的海沿岸，傍依着波兰和立陶宛。历史上，它曾是普鲁士公国的首都，当时的名字叫哥尼斯堡。

哥尼斯堡有一条水量充沛的普雷格尔河，这条河的中央有一座小岛。18 世纪初，这座岛屿与河岸之间共建有 7 座桥。

1735 年的一天，有位市民突发奇想，他提出这样一个问题：能不能从城里的某处出发，走遍这 7 座桥，且每座桥只走一次，最后回到出发的地点？这就是著名的哥尼斯堡七桥问题，也是图论中为人所熟知的“一笔画”问题。

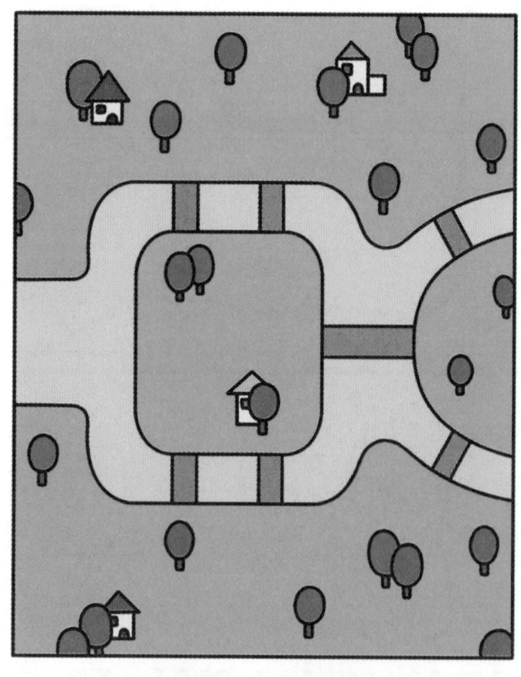

哥尼斯堡七桥示意图

这个问题提出后，得到当地报纸的大力宣传，很快成为大众感兴趣的话题，甚至变成一项人们茶余饭后的消遣娱乐活动。许多人想亲自试一试，他们加入步行探索者的行列，从一点出发，试图走遍这 7 座桥，却一直没有找到解决方法。这时，有几位大学生按捺不住，决定写信向远在圣彼得堡的大数学家欧拉求助。

第二年，即 1736 年，29 岁的欧拉向圣彼得堡科学院提交了一篇论文，题为《哥尼斯堡的七座桥》。他在解答这个问题的同时，开创了两个新的数学分支——图论和拓扑学，由此掀开了数学史上崭新的一页。

欧拉的解答

欧拉给出了“一笔画”的充分、必要条件。他把每块陆地当作一个点；每座桥当作一条线段，线段两端各有一个点。这样一来，与每个点相连的线段数量就有了奇偶之分，可分别称为奇点和偶点。经过推导和计算，欧拉得出结论，可以一笔画成的条件是：奇点个数是 0 或 2。确切地说，当没有奇点时，从任意一点出发，可以“一笔画”回到原点；当奇点个数为 2 时，从任意一个奇点出发，可以“一笔画”回到另一个奇点。

具体到哥尼斯堡七桥问题，因为共有 4 个奇点（线段数分别是 3、3、3、5），所以无解。遗憾的是，当时欧拉本人并没有给出上述结论的充分性证明。

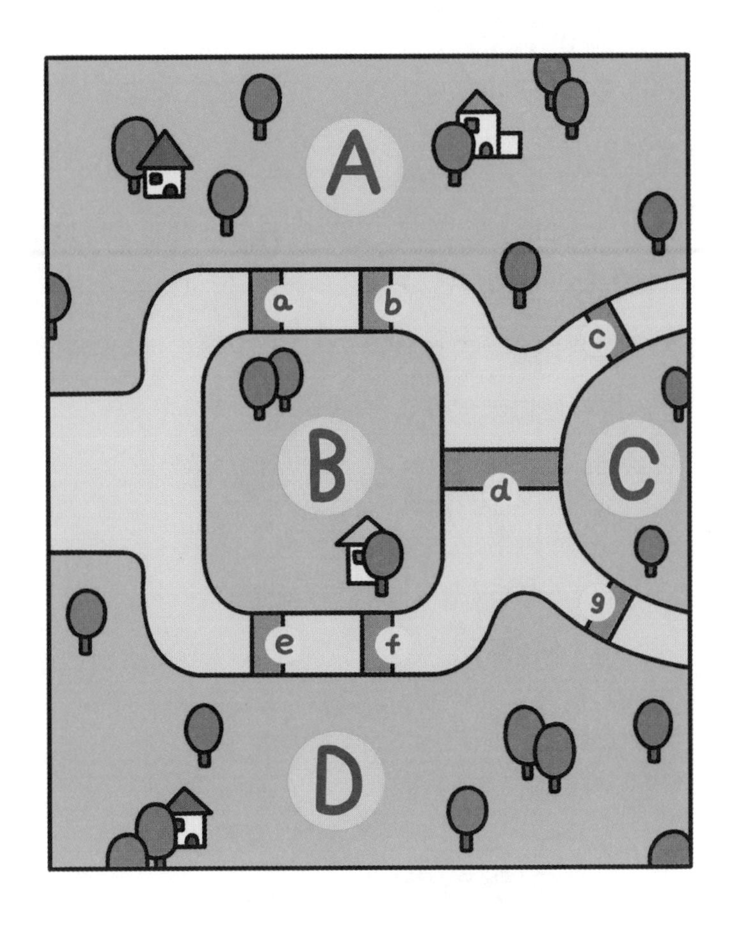

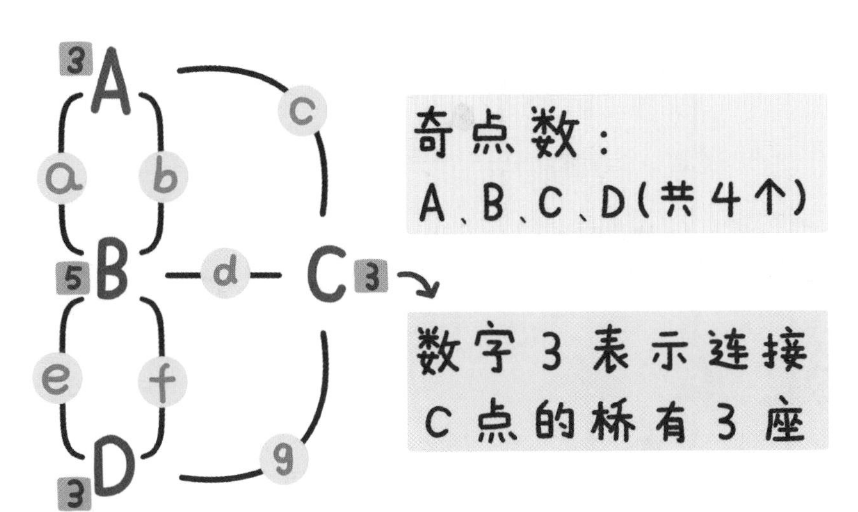

奇点数：
A、B、C、D(共4个)

数字3表示连接
C点的桥有3座

不过，如果在哥尼斯堡七座桥的基础上，再添加一座、两座或三座桥，就可以使奇点的个数变成 0 或 2，顺利走遍所有桥回到起点。

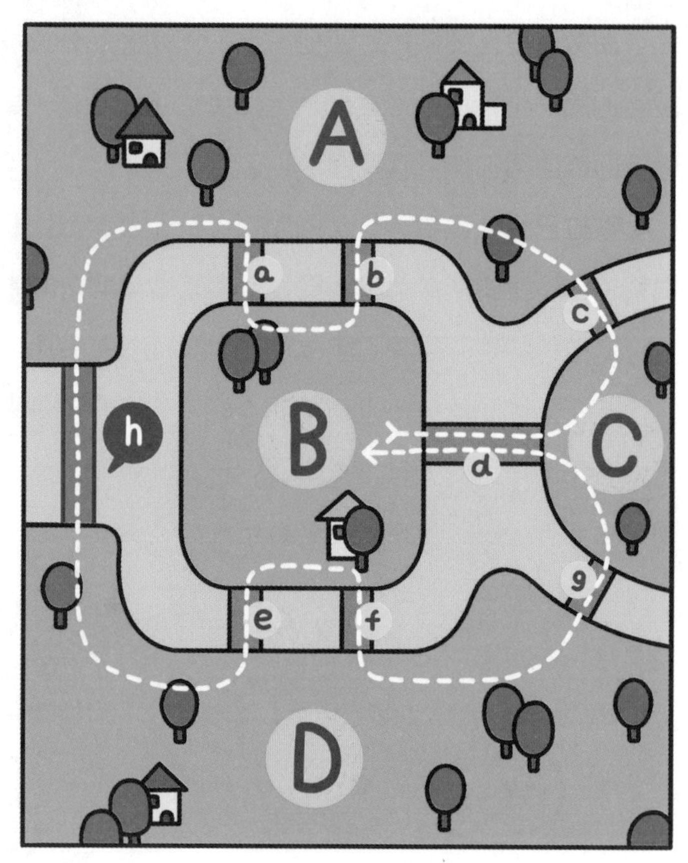

◆ 添加一座桥的情况

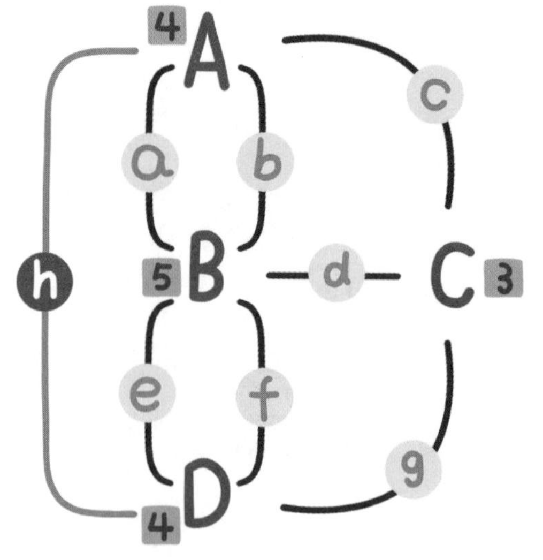

奇点数：
B、C（共 2 个）

在数学史上，欧拉对哥尼斯堡七桥问题的解答被公认为图论的开端和图论的第一个定理（通常把一笔画成的路线称作“欧拉回路”，而把满足欧拉回路的图称作“欧拉图”）。

欧拉已经认识到，七桥问题重要的是桥的数量和连接桥的点，而桥的确切位置、桥的形状都不重要，这预示着拓扑结构的发现和开端。

欧拉的结论并不只是抽象的模型，而是与城市规划和桥梁布局切实相关。不仅如此，欧拉还曾把他的结论应用于音乐中的音阶理论研究，出版了《音乐新理论的尝试》一书。这又一次说明，数学证明可以直接应用于现实生活，这对数学家来说无疑是一种鼓舞。

数学家信息卡

莱奥纳尔多·斐波那契
（Leonardo Fibonacci，
约1170年—1250年）
出生地： 意大利比萨
逝世地： 意大利比萨

秦九韶
约1208年—约1268年）
出生地： 四川普州
逝世地： 广东梅州

勒内·笛卡尔
（Rene Descartes，
1596年—1650年）
出生地： 法国都兰
逝世地： 瑞典斯德哥尔摩

皮埃尔·德·费尔马
（Pierre de Fermat，
1601年—1665年）
出生地： 法国博蒙 - 德洛马涅
逝世地： 法国卡斯特尔

艾萨克·牛顿
（Sir Isaac Newton，
1643年—1727年）
出生地： 英国乌尔索普
逝世地： 英国伦敦

戈特弗里德·威廉·莱布尼茨
（Gottfried Wilhelm Leibniz，
1646年—1716年）
出生地： 德国莱比锡
逝世地： 德国汉诺威

莱昂哈德·欧拉
（Leonhard Euler，
1707年—1783年）
出生地： 瑞士巴塞尔
逝世地： 俄国圣彼得堡

词汇表

安蒂丰

Antiphon
约公元前 480 年—前 411 年

古希腊雄辩家，雅典智人学派的代表人物。智人学派的学者提出了希腊几何三大问题，其中就包括化圆为方问题（求作一正方形，使其面积等于一已知圆），安蒂丰在解决这个问题的过程中，提出了极限的概念。

极限

由“无限接近”思想产生出来的一个重要的数学概念，主要用于研究函数在接近不确定值时的变化过程。函数中的某个变量改变时，另一变量会随之无限接近但永远不会达到某个常数，这种趋势被称为极限，这个常数被称为极限值。

谷登堡

Johannes Gutenberg
约 1400 年—1468 年

生于德国美因茨，是一名金银匠，也是欧洲铅活字印刷术的发明者。与中国宋代毕昇和元代王祯发明的以胶泥和木头为刻板材料的活字印刷术不同，谷登堡发明的是用铅合金浇铸字模的活字印刷术。

哥伦布

Christopher Columbus
1451 年—1506 年

意大利航海家，曾受西班牙国王派遣，四次率领船队西航，渴望抵达东方的印度，却意外地发现了新大陆——美洲。哥伦布发现美洲成为欧洲列强全球殖民扩张的开端，也开启了大航海时代的序幕。

麦哲伦

Ferdinand Magellan
约 1480 年—1521 年

葡萄牙航海家，在人类历史上第一次实现环球航行。在南美洲大陆南端，一条沟通大西洋和太平洋的重要航道以他的名字命名为“麦哲伦海峡”。

印度–阿拉伯数码体系

源于印度并经由阿拉伯人传入欧洲的十进制的记数体系，现在为国际通用数字体系。斐波那契在他的著作《算盘书》中，首次向欧洲人介绍了印度 – 阿拉伯数码的表示方法。

亚里士多德三段论

三段论是传统逻辑学中的一种演绎推理。一个三段论由三个简单命题组成，其中有两个前提、一个结论。一个典型的三段论的例子是：每个人都是动物，苏格拉底是人，因此苏格拉底是动物。

二项式定理

描述二项式的幂的代数展开的定理，最早的二项式定理可追溯到欧几里得的《几何原本》，可用数学公式表示为：

$$(x+y)^2 = x^2+2xy+y^2$$

选帝侯

以德意志民族为主体的神圣罗马帝国是存在于中世纪欧洲的一个封建帝国，统治者查理四世于 1356 年颁布《黄金诏书》，规定神圣罗马帝国的皇帝由七大选帝侯选举产生，资助了莱布尼茨的美因茨选帝侯就是其中的一位。